国家出版基金项目
NATIONAL PUBLICATION FOUNDATION

记住乡愁

——留给孩子们的中国民俗文化

刘魁立◎主编

第八辑 传统营造辑

本辑主编 刘托

客家民居

张娜娜 陈曦 刘托◎编著

黑龙江少年儿童出版社

编委会

序

亲爱的小读者们，身为中国人，你们了解中华民族的民俗文化吗？如果有所了解的话，你们又了解多少呢？

或许，你们认为熟知那些过去的事情是大人们的事，我们小孩儿不容易弄懂，也没必要弄懂那些事情。

其实，传统民俗文化的内涵极为丰富，它既不神秘也不深奥，与每个人的关系十分密切，它随时随地围绕在我们身边，贯穿于整个人生的每一天。

中华民族有很多传统节日，每逢节日都有一些传统民俗文化活动，比如端午节吃粽子，听大人们讲屈原为国为民愤投汨罗江的故事；八月中秋望着圆圆的明月，遐想嫦娥奔月、吴刚伐桂的传说，等等。

我国是一个统一的多民族国家，有56个民族，每个民族都有丰富多彩的文化和风俗习惯，这些不同民族的民俗文化共同构筑了中国民俗文化。或许你们听说过藏族长篇史诗《格萨尔王传》

中格萨尔王的英雄气概、蒙古族智慧的化身——巴拉根仓的机智与诙谐、维吾尔族世界闻名的智者——阿凡提的睿智与幽默、壮族歌仙刘三姐的聪慧机敏与歌如泉涌……如果这些你们都有所了解，那就说明你们已经走进了中华民族传统民俗文化的王国。

你们也许看过京剧、木偶戏、皮影戏，看过踩高跷、耍龙灯，欣赏过威风锣鼓，这些都是我们中华民族为世界贡献的艺术珍品。你们或许也欣赏过中国古琴演奏，那是中华文化中的瑰宝。1977年9月5日美国发射的“旅行者1号”探测器上所载的向外太空传达人类声音的金光盘上面，就录制了我国古琴大师管平湖演奏的中国古琴名曲——《流水》。

北京天安门东西两侧设有太庙和社稷坛，那是旧时皇帝举行仪式祭祀祖先和祭祀谷神及土地的地方。另外，在北京城的南北东西四个方位建有天坛、地坛、日坛和月坛，这些地方曾经是皇帝率领百官祭拜天、地、日、月的神圣场所。这些仪式活动说明，我们中国人自古就认为自己是自然的组成部分，因而崇信自然、融入自然，与自然和谐相处。

如今民间仍保存的奉祀关公和妈祖的习俗，则体现了中国人崇尚仁义礼智信、进行自我道德教育的意愿，表达了祈望平安顺达和扶危救困的诉求。

小读者们，你们养过蚕宝宝吗？原产于中国的蚕，真称得上伟大的小生物。蚕宝宝的一生从芝麻粒儿大小的蚕卵算起，中间经历蚁蚕、蚕宝宝、结茧吐丝等过程，到破茧成蛾结束，总共四十余天，却能为我们贡献约一千米长的蚕丝。我国历史悠久的养蚕、丝绸织绣技术自西汉“丝绸之路”诞生那天起就成为东方文明的传播者和象征，为促进人类文明的发展做出了不可磨灭的贡献！

小读者们，你们到过烧造瓷器的窑口，见过工匠师傅们拉坯、上釉、烧窑吗？中国是瓷器的故乡，我们的陶瓷技艺同样为人类文明的发展做出了巨大贡献！中国的英文国名“China”，就是由英文“china”（瓷器）一词转义而来的。

中国的历法、二十四节气、珠算、中医知识体系，都是中华民族传统文化宝库中的珍品。

让我们深感骄傲的中国传统民俗文化博大精深、丰富多彩，课本中的内容是难以囊括的。每向这个领域多迈进一步，你们对历史的认知、对人生的感悟、对生活的热爱与奋斗就会更进一分。

作为中国人，无论你身在何处，那与生俱来的充满民族文化DNA的血液将伴随你的一生，乡音难改，乡情难忘，乡愁恒久。这是你的根，这是你的魂，这种民族文化的传统体现在你身上，是你身份的标识，也是我们作为中国人彼此认同的依据，它作为一种凝聚的力量，把我们整个中华民族大家庭紧紧地联系在一起。

《记住乡愁——留给孩子们的中国民俗文化》丛书，为小读者们全面介绍了传统民俗文化的丰富内容：包括民间史诗传说故事、传统民间节日、民间信仰、礼仪习俗、民间游戏、中国古代建筑技艺、民间手工艺……

各辑的主编、各册的作者，都是相关领域的专家。他们以适合儿童的文笔，选配大量图片，简约精当地介绍每一个专题，希望小读者们读来兴趣盎然、收获颇丰。

在你们阅读的过程中，也许你们的长辈会向你们说起他们曾经的往事，讲讲他们的“乡愁”。那时，你们也许会觉得生活充满了意趣。希望这套丛书能使你们更加珍爱中国的传统民俗文化，让你们为生为中国人而自豪，长大后为中华民族的伟大复兴做出自己的贡献！

亲爱的小读者们，祝你们健康快乐！

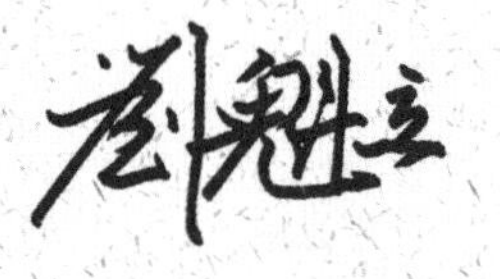

二〇一七年十二月

目录

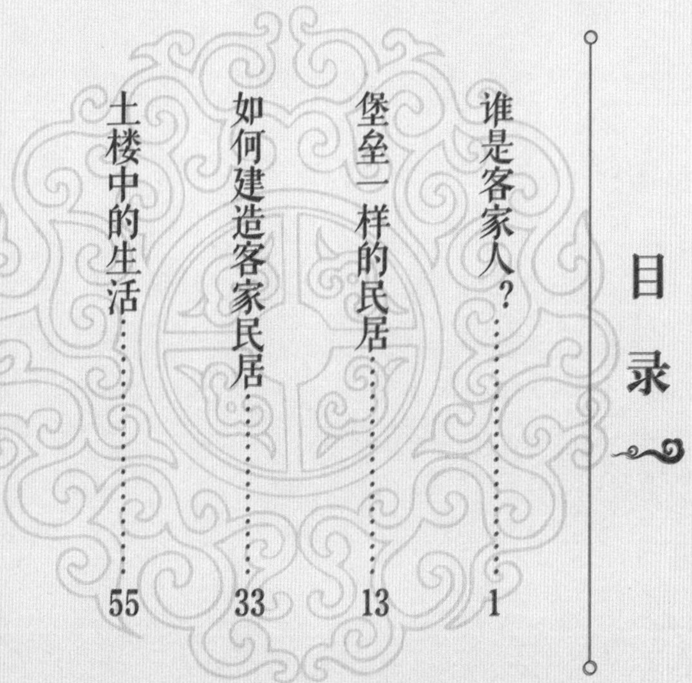

谁是客家人？

谁是客家人？

在汉民族几千年的发展过程中，受到政治、地域、环境等诸多因素的影响，形成了众多不同的文化群体。在一些群体内部有共同的或相似的语言、文化和风俗，并且他们之间互为认同，这样的群体被称为民系。客家就是汉民族中非常典型的一个民系。

“客家人”的由来

从西晋时期开始，中原地区向南迁徙的汉人逐渐分化出了一个庞大的群体，这个群体中的人分别在江西、福建、广东等地定居下来，这个群体后来被称作“客家人”。“客家”的称谓并不是突然出现的，而是逐渐形成的。“客家”中的“客”有客人、外来之意，所以客家人常常是指外来的人。客家民系形成的特殊性，使得客家文化既保留了中原文化的特征，又融汇了迁入地的地域文化，所以汉语、客家语是他们的共通语言，后来他们又逐渐形成了自己独特的语言体系、文化生活和风俗习惯。

客家先民为什么要举家迁徙呢？因为中原地区残酷的战争和割据使得原本繁荣

的城市和富饶的农村都变成了废墟，许多百姓在战争中丧生。幸存者为了寻求安定的生存环境，不得不远走他乡躲避战祸。南方地区地广人稀，战争较少，对于逃难的汉人来讲，无疑是个“世外桃源”，自然吸引了大量中原地区的汉人南迁。再则客家先民以农耕为生，当耕地不足以满足生存需求时，他们也会向外迁徙，寻找合适的落脚点。

客家先民是以族群的方式南迁，在迁徙的过程中，常常选择山区作为临时居住地。虽然山区的自然环境相对恶劣，生活条件也落后，与外界交流困难，但是山区人烟稀少，竞争也就相对较

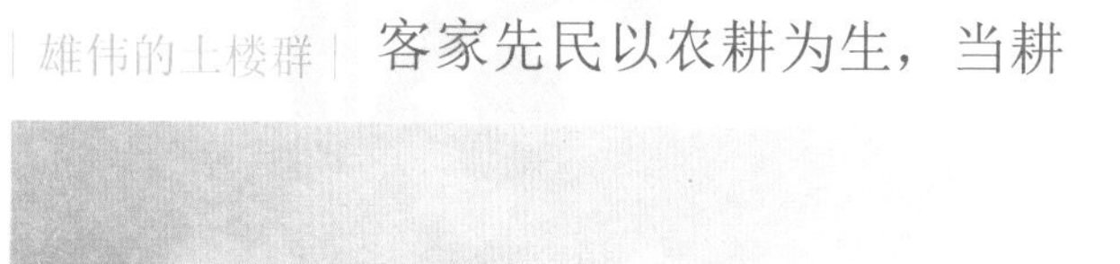

雄伟的土楼群

小。此外，由于环境封闭，生活受到外界干扰的程度也相对较小。

在经历了漫长的迁徙过程之后，南迁的汉人吸收并融合了当地原住民的居住方式和生活习惯，慢慢形成了自己的民系特质。群体迁徙的结果，呈现出“聚族而居”的形态，并且客家先民非常注重家族传统，一直保持着对祖先历史和家族文化的认同之心，使得自己的文化不易被同化，这也是形成客家民居特色的原因之一。

生活在福建、江西、广东、广西等地的客家人是一个汉族民系，他们有着相似的生活习惯，也有着相同的语言，虽然被称为“客家人”，但事实上他们已不再是当地的“客人”。由于未设立独立的行政区域，也就没办法用一个地域性的名字来称呼他们，所以习惯上只能把他们叫作“客家人”。

迁徙的脚印

客家人历史上经历了五次大的迁徙，跨越了西晋、东晋、唐、宋、元、明、清等几个朝代。客家民系可以说是客家先民历经千年在迁徙的过程中形成的。

第一次迁徙发生在西晋的“八王之乱”时期，继而引发了人民反抗晋王朝的斗争。与此同时，被称为胡人的北方匈奴、鲜卑等少数民族在各处据地为王，使得中原地区陷入混乱之中。西晋王朝灭亡后，中原地区成了胡人的天下，他们实行“废农田，牧牛羊”制度，并且掳夺汉人作为奴隶。胡人的残暴致使不堪奴役的汉人开始大举南迁，逐渐形成了南迁潮流，前后共持续170多年，主要到达的地区有湖北、安徽、江苏、江西等，迁移人口达200万之多。

唐朝中后期，发生了“安史之乱”，国势由盛而衰，进而出现了藩镇割据的局面。此时的中原地区灾荒不断，再加上官府对百姓的长期剥削压榨，导致民不聊生，终于爆发了王仙芝、黄巢领导的农民起义。起义军不仅驰骋中原，而且辗转大江南北数十省，有些地方正是第一次南迁后汉民分布的地域，所以又将第一次南迁的汉人推向了江西东南部、福建西部、安徽南部，以及广东东北部，这就是历史上第二次大举迁徙，这次南迁延续到五代时期，历时 90 余年。

客家先民的第三次迁徙从北宋时期一直延续至元代。一方面是北宋都城开封被金兵攻占后，宋高宗南迁至临安（今杭州）称帝，并且建立南宋王朝，此时跟随宋高宗渡江南迁的臣民多达百万。另一方面，元人入侵中原地区后，强占民田，并推行奴隶制。生活在黄河流域的汉人为躲避战乱又一次向南迁徙。早先迁入此地的客家先民受到了打扰，为寻求安宁的环境，又继续南迁进入梅州、惠州一带。由于宋元之交社会动荡不安，福建地区更是强盗横行，客家先民便开始建造各式土楼进行防御，这便是客家民居中独具特色的土楼建筑兴起的标志。

其中，元末明初修建的裕昌楼，是目前已知的最古老且最大的圆形土楼，距今已经有 600 多年的历史，被称为“福建土楼之母”。它最突出的一个特点就是建筑内部的柱子虽然东倒西歪，看起来摇摇欲坠，可是经历了无数次的地震后却依然如故。尽管 600 多年的风雨侵蚀和日晒烟熏使楼里的柱子已经变成了褐色，却让这座土楼显得更加古色古香，堪称古民居建筑的活标本。

客家先民第四次迁徙发生在明末清初。当年清军到达福建和广东时，客家的侠义之士号召众人一起举义反清，但以失败告终，他们不

| 客家民居的防御性木门 |

| 杨村燕翼围顶层的通道 |

得不散居到广东、广西、四川、湖南、贵州等地。此外，经过200多年的发展，江西、福建、广东三个地区的客家人数量剧增，居住地山多田少，耕种劳作的收获不能满足所有人的需求，所以又有了向外发展的动因。

这一时期，迁徙人口数量众多，迁徙范围更广，成为客家民居形成和发展的重要时期。其中，建造方面最有特色的当数福建南靖长源楼，据说这个名字是河水源源不绝之意，也融入了客家人对生活的美好祈愿。长源楼是由方楼结合地形而建的典型例子，因其建在陡峭的河岸坡地上，导致楼的基址如梯田一般有很高的落差。由于建造完的土楼前后形成了错落感，因此人们又叫它

客家围屋

“交椅楼”。整个土楼与自然景观相互交融，充分体现了客家人在建造土楼时的智慧和生态理念。

客家先民第五次大迁徙发生在太平天国运动时期。相传当年太平军打到福建漳州的时候，一些功夫很好的客家人加入其中，并且将当地的齐云楼当作据点，与清军大战数日。后来齐云楼被攻破，客家人一共牺牲了90多人。这一时期还有大量闽、粤客家人回迁赣南，激发了新老客家人之间争夺生存空间的矛盾，定南县的黄、廖两姓的族人就发生过一场大械斗。为了保护族人，赣南的客家人建造了围屋这种有防卫功能的居所。械斗持续

杨村燕翼围顶层的射击孔

了十余年，客家先民饱受其害，被迫又一次开始了大迁徙。与从前不同的是，此次迁徙不仅远迁到海南、广西，有些客家人甚至漂洋过海寻找新的谋生地。在漫长的迁徙过程中，客家建筑形成了自己的独特风格，因主要以民居建筑为代表，所以被统称为“客家民居”，其中包括福建土楼、江西围屋、广东四角楼和围龙屋等。

新的家园

客家土楼

作为汉民族衍生出来的客家人，世代传承的文化传统同样是以孔孟之道为核心的儒家思想，但是随着客家人的生活经历和所处社会环境的变化，他们的文化形态和生活方式也发生了改变，产生了许多新的特点，比如

| 江西龙南栗园围 |

在生活中重名节，薄功利；重孝悌，薄强权；重文教，薄农工；重信义，薄小人，等等。崇文重教之风盛行于客家民系中。福建南靖石桥村一直保持着良好的读书风气，以前村里的族约规定，只要是考上秀才和举人的，族里每年都给予谷物作为奖励，还在祠堂前竖立旗杆以示表彰。

著名的“逢源楼”就是村里张氏两兄弟专门为孩子读书而修建的。这是一座长方形的土楼，底层是学生平时读书、活动的场所。后人

| 广东河源林寨四角楼 |

又陆续修建了“步云斋”等建筑供学童读书使用。步云斋是三合院式的学堂，学堂正房是孩子们白日上课的地方。堂内挂着用来鼓励学生读书上进的对联，上面这样写道：“步武安详循序进，云龙变化任高飞。”

客家人的历史是在几千年的迁徙中形成的，客家的文化也是在漫长的迁徙过程中逐渐形成与发展起来的。客家民居是客家文化的载体，全面、充分、完整地反映了客家人的精神气质、行为品格、生活理想和审美情趣。下面我们就通过外观形式、内部空间布局以及一些装饰细节来体味一下客家民居以及客家文化的风貌和韵味吧。

江西龙南栗园围中的祖庙

堡垒一样的民居

| 堡垒一样的民居 |

为了抵御土匪及野兽的袭击，客家人通常选择聚集在一起生活，由此便形成了防御性极强的围合式民居建筑——土楼和围屋。伴随着生存环境的变化，客家土楼与围屋的建筑形式先后经历了创始期、成熟期、兴盛期和衰落期，营造技艺也随之发生着改变。

融合在自然山野中的民居

饱受战乱饥荒和流离之苦的客家先民，迁移到偏远山区之后，不仅要防御时常出没的野兽和盗匪，还要面对与土著居民的冲突。基于这些原因，聚族而居、集体防卫就成了他们必然选择的赖以生存的方式，而符合这样要求的“堡”与“寨”，即土楼和围屋也就成了最好的居住形式。

福建土楼是在长期的生活实践积累中创造出来的，是山区建筑形式中的杰出代表。如形似五朵梅花的田螺

| 祖祠的斗拱与垂花柱 |

坑土楼群、北斗七星状的河坑土楼群、造型精美的怀远楼、已知的福建个头最高的土楼和贵楼等，都是土楼建筑的典范。福建多山地，是典型的丘陵地貌，属亚热带海洋性季风气候，四季气候温和，雨量充沛，植被丰茂。沿永定河、金丰溪、黄潭河以及汀江下游，散布着串珠状的河谷盆地和山间盆地。自然、地理、人文特征为土楼的产生和发展提供了前提条件和物质基础。在永定一带，土楼遍布各个乡村，但就土楼的类型分布而言，有明显的区域性差异。汀江流域的土楼多以方形为主，圆形土楼少之又少；金丰溪流域的土楼方圆错杂，圆形土楼多集中在这一区域；组合式的五凤楼则分布在永定河流域的高陂、坎市、湖雷等乡镇。这种分布情况，与社

| 福建南靖田螺坑土楼 |

【福建南靖河坑土楼群】

会治安、经济能力以及地理条件、自然环境有关。不同形式的土楼建筑，体现出客家人建造土楼因时而异的灵活性。同时，土楼建筑的差异性也折射出不同地域以及各个时期的经济变化、社会变迁、人口增减等错综复杂的历史背景。汀江、永定河流域的河谷盆地大多比较宽阔平坦，形成的时间比较久远，又是历史上的商业重镇，这一带的民居建筑先是由“堡”或“寨”演变成早期的一字形楼屋，后来逐渐发展成较大型的三堂两落式方楼。楼主一般是经商者或为官者，由于他们的经济实力比较雄厚，因而常追求建筑结构的高大雄伟，以此彰显自己显赫的社会地位和财力。这类土楼中讲究对称布局的被称作“五凤楼”，并且常常冠以“大夫第”等名称。金丰溪流域，山高林密，重峦叠嶂，河谷盆地较狭窄，且地势较陡，居住在这一带的客家人选择外部封闭、内部敞开，便于聚族而居又具有较强防御功能的建筑模式。最初是口字形方土楼，后来逐渐演变成聚居与防御功能最佳结合的圆形土楼。

福建南靖拥有各类土楼共1500多座，主要分布在书洋镇和梅林镇，堪称“土楼王国”。其中书洋镇现存圆楼600多座，方楼300多座，椭圆形楼2座；梅林镇现存圆楼185座，方楼153座，椭圆形楼2座。福建永定的土楼更是遍布全县各个乡村，如今县内尚保存着2万多座土楼。福建华安现存68座重点土楼，包括年代久远的明代土楼建筑——齐云楼、造型独特的高山城堡土楼——雨伞楼，还有规模宏大的大地土楼群。大地土楼群由二宜楼、南阳楼和东阳楼组成。

| 福建永定振成楼 |

| 福建华安二宜楼 |

| 福建永定福裕楼 |

二宜楼素有“民居瑰宝”“土楼之王”的美誉，且以规模庞大、设计科学、布局合理、保存完好、内涵丰富和年代确切而闻名。

土楼建筑蕴含着“天人合一”的文化理念。不要小看这些土楼，它既可满足安全防卫的需要，又能将生产、生活紧密结合；既保留聚族而居的功能，又体现崇文重教的追求。仔细观察便会发现土楼的建筑工艺是十分精巧的。在规划和建筑构思中，匠人们充分利用自然地形，

福建永定奎聚楼

关西新围外院

杨村燕翼围入口

合理安排房屋的布局，或依山，或傍水，使居住的楼屋与自然融为一体。同时土楼结构千姿百态，粗犷简朴的“外壳”下包含着丰富的内部空间和精美的装饰。土楼在建造中继承和发扬了中原古老的生土建筑艺术，是古代建筑的活化石。

围屋是客家民居的另一种形式。位于江西最南端的龙南县，自古以来为赣、粤边际重镇，素有“江西南大门”之誉，也是客家围屋最集中的地区。这里有国家重点文物保护单位关西新围、杨村燕翼围，以及其他300多座保存完好的客家围屋，数量之多、风格之全可谓是客家民居的博物馆。赣南扼守长江、珠江两大水系，为南北交通要冲，山间盆地较大且多，盆地内地平土沃。特殊的历史、地理和文化环境使赣南客家围屋在选址和形制上采取了与闽西土楼不同的方式，在建筑材料、建筑结构、建造技术等方面都具有自己鲜明的特色。

| 杨村燕翼围内景 |

丰富的类型和样式

福建土楼形式各异，从外观造型上划分，主要包括三类：五凤楼、方楼和圆楼。当然，除此之外还有其他多种变异形式，如五角楼、半月楼、万字楼等。这些奇特而又丰富多彩的土楼造型，连同土楼这个用泥土创造的奇迹，反映出夯土技术的高超，同时也再现了当地的民俗风情，构成了一幅蕴含着土楼文化的美丽画卷。

“一字形”土楼是比较简单和原始的形态，楼内不设天井，厚重的夯土墙包围着内部的房间。这种土楼在形制上仍明显带着“堡”“寨”的影子。金丰溪流域的“口字形”方楼则在中央开设天井，供采光、通风用，同时作为公共活动场所。这种土楼是中国传统建筑四合院的变异形态。此形式的方楼最具有创造性的是吸纳了木构架房屋的构筑方法，用立柱同外墙一起架梁构筑，原因是立柱可以分担外墙的承重力。把中国古代建筑的木构架技术与夯土建筑技术巧妙结合，弥补了生土建筑和木构建筑各自的缺陷。口字形方楼的结构布局和构造技术为后来建造圆楼奠定了基础。

方楼是数量最多的类型，既易于建造，也便于防御。有的方楼在建造时遇到麻烦，不得不削去四角，就成了八角楼的形式，福建永定东成楼便是一例。有时为了解决现场施工问题或风水上的要求，还要将四周等高的方楼四角抹圆，这样一个近乎圆楼的形式便呼之欲出了。

圆楼主要集中在福建永定东南部，在古竹、高头、湖坑等乡镇保存最多。这一

方形福裕楼

带属山区，地形险峻，海拔较高，平均气温也比较低。这样的地理情况和气候环境，给开荒种地带来了许多困难，对建筑本身也造成了一些不利影响。

通过多年来的方楼建造经验和居住感受，人们发现方楼不善于化解“煞气”；四个角的房间是阳光晒不到的“死角”，不适宜居住；方楼还有火力死角，不利于防御匪寇侵扰。以上种种因素致使客家人产生了改进方楼的想法。受到早期“圆寨”以及风水学上八卦图形的启发，客家人逐渐形成了建造圆形土楼的观念，经过不断探索和实践，一座座雄伟的圆楼拔地而起，矗立在山水之间。

同是客家民居形式的围屋主要分布在赣南的龙南、定南、全南（地方习称“三南”）地区，以及寻乌、安远、信丰等地。由于围屋地处耕地不足、资源匮乏的丘陵山区，使得人们在建造时非常重视聚落和建筑的选址，以便节约耕地，同时争取最有利的生存空间。围屋集家、堡、祠于一体，具有体量大、房间多、轴线和中心明确等突出特点，出于防御功能方面的需求，炮楼及其他防御工事一应俱全。围屋中的人们都属于同一宗族，房屋设置功能分区，长幼尊卑等级明显。建筑布局和房间功能的安排也是井井有条，内部装饰丰富多样，体现了中原汉族的文化传统，也反映出与本土民居建筑文化的相互交流与融合。

建筑布局与功能

由于客家民居是多户、多房的集合体，无论土楼还是围屋，其布局都是十分复杂和周密的。以土楼为例，在整体布局上，不仅要根据“风水”要求对楼的坐向、大门及各户的户门开启方位、中（正）厅的位置、楼内排水方向（俗称“放水”）、楼外道路的安排等做出总体规划，还要对楼的大小、层数、圈数及主楼、横屋和天井的关系进行合理的布置，进而对每层的开间数、开间尺寸等做出细致的安排。此外，也要对屋面形式和屋顶瓦面的铺设做出预设。

杨村燕翼围顶层的瞭望与射击孔

杨村乌石围屋脊上的装饰

夯土墙是土楼最重要的结构，也是构成土楼外观的要素。夯土墙的设计十分注重它的防御功能，它的厚度

是根据楼的大小、层数而定的。一般情况下，3层以上的土楼，底层墙厚度都在1米以上，由下而上逐层作台阶式收减。底部石基的高度，则根据楼的层数、地势的高低以及地基土质情况等综合因素而定。石基一般要露出地面半米以上，它的顶宽与墙的厚度相同。楼层高度常以1枋墙的高度（约36厘米）为计算单位，一般底层9枋，顶层7枋半，其他各层7枋。各层房间根据不同用途而大小各异，门厅、后厅比普通房间宽，后厅又比门厅大，楼梯间比普通的房间小，楼上各层都有走廊相互连通。对于土楼建筑的每个细节，楼主在动工之前必须了解得一清二楚。计划完备以后，再由木匠和泥水匠分别根据各种用料的大小、长短等规格，列出木材及石材的用料清单，按照清单安排建筑构件的加工制作。

杨村乌石围大门与屋顶装饰

福建永定土楼的建筑风格深深铭刻着中原古建筑文化的烙印，例如平面布局上的中轴线对称、空间组合上的院落组合、屋面造型上的悬山等，都保持着中原古建筑的特征。客家人素有崇文重教、勤劳俭朴之风，土楼在建筑设计上也明显地打上儒家思想的印记。土楼内设有厅堂、庭院、天井、水井、浴室、门坪、晒坪、学堂、书斋、作坊、禽畜栏舍等各种用房和设施，这些都是中华传统文化和风俗习惯在建筑上的反映。

土楼在施工过程中，经常遇到一些意想不到的问题，如地基的土质过于松软、周边的地形条件不适宜等，这就要求建造工匠对原来的设计进行一些必要的修改，最终使得一些土楼竟然产生了独特的造型和神韵。

客家土楼的原始形态是“三堂两横制”，是早先通行于闽、赣、粤三省交界处的民居形制，被保留至今。由于客家人聚族而居，建筑面积较一般住宅扩大许多，客家人便将“三堂两横”的民居后堂改为4层，两侧横屋改为2层或3层，形成前低后高，左右辅翼，中轴对称的“五凤楼”形制。再进一步发展则将全宅四围全部改为3层或4层的高楼，形成方形大土楼。福建永定遗经楼是这类土楼的代表，由5层高的一字形后楼与4层高的口字形前楼围合而成。前楼正中开正门，两侧开侧门，且为内通廊式布局，1楼是厨房，2楼是谷仓，3楼、4楼是卧室；后楼为单元结构的住房。院子的中心布置了一组以祖堂为核心的天井式建筑，是举行祭祀活动和婚丧嫁娶的场所。这种院中院的布局被称为“楼包厝，厝包楼”样式。在方楼大门前面还布置一组由两层楼房

| 福建永定土楼村 |

围合的方形前院，紧靠前楼大门的两侧又对称布置了一个小型的二合院，使前院的平面呈倒T字形。前院小巧紧凑，是族人学文习武的场所，构成了进入方楼前的空间过渡，同时也烘托出方楼的宏伟高大。方楼的外墙面用白灰粉刷，墙上开有大大小小的窗洞，巨大的歇山式屋顶高低错落地覆盖在厚实的土墙之上，白色平实的墙面与黑色的瓦顶及木制构件形成强烈的对比，俨然一座防御森严、气势轩昂的古堡。

早期方形土楼存在着设计上的缺点，比如出现了一些死角房间、全楼整体刚度差、构件复杂、木材耗费较多等，因此福建永定南部的客家人借鉴漳州地区圆形城堡的建造经验，创制了圆形大土楼。福建漳州地处沿海，海盗匪患严重，人们便建造

| 福建华安二宜楼内景 |

圆形碉堡作为居住的民居，又称圆寨。福建华安二宜楼是圆形土楼的代表作，楼的外径71.2米，整个建筑由内外两座环形土楼组成，内环仅1层高，而外环却高达4层，外墙厚约2.5米，仅在4楼开小窗，具有极强的封闭性，全楼设有一个主入口，两个次入口。外环上共有52间房屋，除正门、祖堂和两个边门占据4个开间外，其余48个开间被分隔为12个独立的居住单元。内环被布置为各户的前庭，内外环用连廊相接，其间形成各单元独立的户内天井。楼内居民先由大门进入中心内院，再由内院进入各户内环的门厅，然后进入庭院，门厅两侧是厨房和库房。外环的前3层房间布置为卧房，4楼设为

神堂，用来供奉祖宗牌位。各单元内侧有走廊相连，平时以门相隔，如果遇到特殊情况可开启形成通道。在4楼靠外墙一侧，留有一条1米宽的内部环形甬道，甬道与各户厅堂有门相通，遇有敌情，全体族人可以迅速登临甬道，由4楼的窗洞观察情况，然后进行防御。圆楼中心的庭院除作为交通集散之用外，还是聚会、晾晒农作物的场所，平时老人们在此乘凉或者晒太阳，孩子们则在此嬉戏，一派其乐融融的景象。

独特的乡土艺术

土楼可以说是一种原始生态型建筑，它的生土墙体具有“可呼吸”的功能，使土楼内部冬暖夏凉，保持了室内的舒适性，非常适宜居住。土楼使用的都是可循环的建筑材料，它往往就地取材，当土楼废弃之后又回归大地。千百年的建造活动并没有造成当地自然生态的破

| 福建漳州薰南楼 |

梁架上的木雕装饰

坏。这种生态环保和资源节约型的建筑模式，对今天我们追求人与自然的和谐共生，实现可持续发展具有重要的启示。

土楼建筑既有中国传统建筑的对称、严整、内向和封闭的特点，同时又具有朴实无华、简洁实用和灵活多变的特征，如福建华安二宜楼，采用先进的单元式结构，整座楼房被等分成若干个独立的单元，每单元为一户，有独用的入口、内庭院、房间和楼梯，强调各家各户的独立性与舒适性。建筑构件标准化，在不影响结构功能的前提下加以美化，并巧妙地配以饰件，使结构与装饰完美统一。如石雕、木雕和砖雕，被广泛应用于脊吻、斗拱、雀替、门窗、屏风、栋梁等部位。所谓有建筑必有装饰、有装饰必有寓意、有寓意必为吉祥的图纹，体现了中国传统民居建筑追求吉祥、和谐的美好祈愿。

相比之下，江西龙南客

家围屋形态也是非常丰富多样的，其尺度变化跨度极大，形式有国字形、口字形、回字形和不规则形等。此外，江西龙南客家围屋在防御性方面极为成熟和完备。通常在围屋底部建有宽大厚实的墙基，外墙用火砖或者条石砌成，防撬防挖，围门设置两至三重，并包上坚固的铁皮。围屋拐角处还设有凸出墙面的炮楼，炮楼内侧设计成上窄下宽的射口，围内建有暗井，围外环屋设有壕沟，这一系列周密的部署给人以固若金汤的感觉，同时高超独特的营造技艺也给人们留

| 江西龙南西昌围 |

| 关西新围内的夹道 |

垂花装饰

下了深刻印象。

最为气派和富丽堂皇的当数关西新围，它是赣南围屋的典型和精品。当年徐氏家族在此聚族而居，这座围屋建筑规模庞大，集住宅、城堡、祠堂、议事厅和中心广场（跑马坪）于一体，几乎涵盖了乡村生活的所有功能。其气势之宏伟，令人惊叹，是研究明清时期的江西龙南社会历史极其宝贵的载体，也是研究客家文化形成发展的宝贵资料。

如何建造客家民居

记住乡愁

| 如何建造客家民居 |

土楼营建技艺是中原夯土技术几千年来经验积累的结晶，建造时一般没有详细的设计图纸，多由工匠与楼主商定规模、功能、规格、造价等事项后动工建造。土楼的营建技艺是在长期的生活，以及营造实践中创造出来的一种独特的建筑形式。土、石头、木材等建筑材料都是就地取材，因材施艺，因而建成的土楼能与自然环境完美结合，融为一体。大型土楼的建造往往是楼主自己开窑烧瓦，以保证土楼建造的质量。

| 江西龙南西昌围 |

| 福建南靖土楼群 |

与福建土楼夯土筑墙的方式不同，赣南围屋主要以

| 杨村燕翼围的全貌 |

青砖筑墙。现存围屋中以关西新围、西昌围、沙坝围、渔仔潭围、燕翼围、龙光围等为代表。围屋的营造也有自己的特点，如外墙内侧采用三合土建造，用石灰、黄泥和沙石（俗称三合土）夹杂鹅卵石（作为骨料），掺以熬制后的桐油进行夯筑。更讲究的还要加入一定比例的红糖、蛋清和糯米饭，以增强黏结力。夯筑时泥土要充分翻锄发酵，避免缩水、开裂。在夯土墙的外侧砌筑砖墙称为金包银，这样既可以保证墙体坚固整齐，又可以节约材料，遵守了生态环保的原则。下面我们以土楼建造为例，看看土楼建造到底有什么奥秘。

择址

中国传统建房择址都要讲究“风水”，土楼也不例外。土楼宅址要选择在避风聚气的地方，即地势高且四周有

背山面河的裕昌楼

青山拱卫，前方开阔有绿水环绕，阳光充足且环境优美之处。客家人还讲究在村落的后山和村前的水口处种植风水林，使得居宅周围绿树环抱，从而营造出一个与自然和谐共处的居住环境。为此，土楼大都坐北朝南，也有一些是根据地形坐东向西或坐西向东建造的。坐南朝北的土楼，一般是受地形的局限所致，不得已而为之，为数较少。

选择宅址还要讲究“避煞”，人们将低洼、阴湿和狭长的山谷称为“窠煞”，“避煞”就是要避开这些不利于人居住的自然环境。有些建筑物的选址还有其特定的环境要求，如用于农产品和商品交易的市场要建在人口集中和交通方便的地方，学堂要选在安静优雅的地方，寺庙则建于僻静清幽之处，这些选择都符合各类建筑各自的特殊功能。

备料与请工

庆阳楼的石门框

土楼建造前要进行统筹设计。先由楼主拟定土楼形状，如选择方楼、圆楼或五凤楼；还要确定规模，如大小、间数、层数等；然后确定土楼的整体框架形式和建筑样式，形成粗略的建筑总体构想。在这个环节上，楼主要请来风水先生、木匠和泥水匠，一起谋划具体事宜，做出详细的施工安排，以便保证所有想法都符合实际，能够顺利实施。

总体构思完成后就开始备料了，建造土楼需要的材料主要有生土、石料、木料、竹料、砖瓦、石灰等。这些材料有的要在未开工之前备好，有的可以一边施工，一边进料。

生土就是夯墙的泥土，一般用黄土或用农田熟土之下的土层，即田骨泥，二者相较而言，以田骨泥为佳。

用来砌外墙石脚的石料，一般用山石或河石，大石块不用加工就可直接使用，余下的小石块则用作砌石基时的填料。石门框和土楼底层的石柱都常常采用青花岗石打造，不但坚固、耐用，还防潮。为了美观，有的土楼窗框还用石条装饰，显得非常清爽。讲究一些的土楼还将1层内外走廊的地面都铺砌石板，平整耐磨，又易于清洁。

当土楼的梁、柱、椽、桁、梯、门、窗等建筑构件被加工时，采用的木料多为当地的杉木。杉木也作为辅助性材料，如夯墙时埋入墙中的“门排”“窗排”“墙骨”等。如果地基不实，还要准备一些大松木，用来打桩和作基础枕木或者用于搭建楼梯和铺设楼板。

竹料用于制作挑土上墙的畚箕、遮盖土墙的竹墙笪。匠人常把老竹头做成竹钉，经过沙子炒制后，再用来钉桷板。

砖瓦也是建造房屋的必备材料，由于用量较大，且外出采购不便，为节约开支，建楼时楼主一般请砖瓦师傅开窑烧制。不同用途的砖瓦其规格不一样，需根据不同的要求，烧制多种用途的砖瓦。有时也加工土坯泥砖，不需要煅烧，直接晒后阴干备用就行，多被用来砌矮墙及土楼内部房间的隔墙。

石灰是夯土和砌墙时不可缺少的辅料，土楼夯墙时要在泥土中掺入一定比例的沙和石灰，可使墙体更加坚固，并增加防水性。装修时也常用石灰来粉刷墙壁，起到隔湿防潮的作用。

以上材料备齐以后，就要请工匠进入现场施工了，

|土楼内的石板地面|

这个环节被称为“请工”。建造土楼时要请的工匠主要有打石工、砌石工、木匠、泥水工、夯墙工等。小工、勤杂工等一般都不用雇请，如果有需要，左邻右舍都会前来帮忙，体现出乡土社会互助友爱的传统乡俗。

基础施工

夯筑土墙的基础时，要用石头垒砌，一为坚固，二为防潮。基础处理分为两个部分，其中地基处理就是将石头基础埋在地下，让墙体生根，这样才能保证高大厚重的夯土墙稳固不倒。具体操作时，先要按照墙体的宽度向地下挖石脚坑，深度需要根据楼的高度及地基土质情况而定。楼越高，地基的荷载越大，石脚坑也要挖得更深一些。如果地基土质松软，必须深挖到实土。如遇

| 福建华安南阳楼的顶楼隔扇窗 |

| 土楼下部高大的石脚 |

烂泥田或河边沙滩，必须在石脚坑内密密地打上松木桩，桩与桩之间纵横交叉叠落放置两三层粗大的老松木作枕。俗话说："风吹千年杉，水浸万年松"，意思是老松木饱含油脂，耐水的浸泡。

挖好了石脚坑，就可以砌石脚了，传统做法为干砌，不用任何粘连材料。高明的砌石师傅，既能把石脚砌得坚固，又能使石脚表面呈现出有规则的花纹图案。石脚高度根据地基状况而异，即使同一座楼，因不同位置的地基土质不一样，其深度也有差别。石脚露出地面的部分一般有50厘米左右。在易受洪水危害的地区，石脚露出地面的部分会砌得更高，以此抵御洪水侵袭。

墙体夯筑

土墙是永定土楼的结构主体，既是围护结构又是承重结构。土楼外墙一般为夯土墙，楼内隔墙或低矮楼房的外墙，大多为土坯墙。土楼的墙基常用鹅卵石、条石和块石砌筑，且高出地面1米左右，接着在其上方夯筑土墙。土楼外墙呈下大上小的梯形，从下而上逐渐向里收拢，生土外墙底部的厚度一般是顶部的1.5倍左右，从而保证了建筑整体的稳定性。夯筑土墙是一件对技术要求很高的工作，先要准备好夯墙工具，如墙枋（墙板卡和“狮头”）、舂杵、长短墙拍、墙铲、竹墙钉、铅锤等。此外，还要准备木工和瓦工的工具，如木工的斧头、锯子、棉线盘车、水准尺与长短木尺、铁锤和榔头，瓦工的丁字镐、泥刀、泥锄、木铲、圆木横担等。除了准备好工具外，夯筑前还要备好一些必需的材料，首先要做熟一批墙土，并且备足墙骨、“门排”和“窗排”以及用于遮墙的竹笪、草毡或其他可以挡雨的材料。一切安排妥当，就可以开始夯筑土墙了。

夯筑土墙是要讲究方法的，一般要一层一层夯筑，每层称为一枋，每枋土墙要分多次上土夯筑，一般底层一枋墙要“六覆六夯”，顶层墙至少“四覆四夯”。所谓“几覆几夯”，是指夯满一枋墙，覆几次泥，每覆一次泥夯几遍。夯筑的时候也要讲究技巧，以半米厚的墙为例，通常采用“四覆四夯”的杵法：第一遍为“点窟”横夯，需在墙中间下杵，每“窟”连下两杵，先轻后重；第二遍为“层杵”横夯，对着第一遍四个夯点的中缝下杵，每个夯点也是连续下杵两次，先轻后重；第三遍为直夯，对着第二遍四个夯点的中缝下杵；第四遍再横夯，对着第三遍四个夯点的中缝下杵，这一遍要留下杵迹，夯成凹凸不平的毛面，增强上下层的吻合力。从夯墙者的角度来讲，两个夯墙者在夯墙时下杵要一先一后，操

福建华安二宜楼

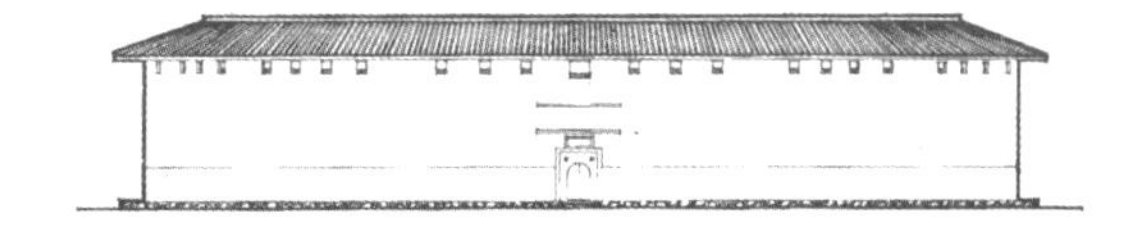

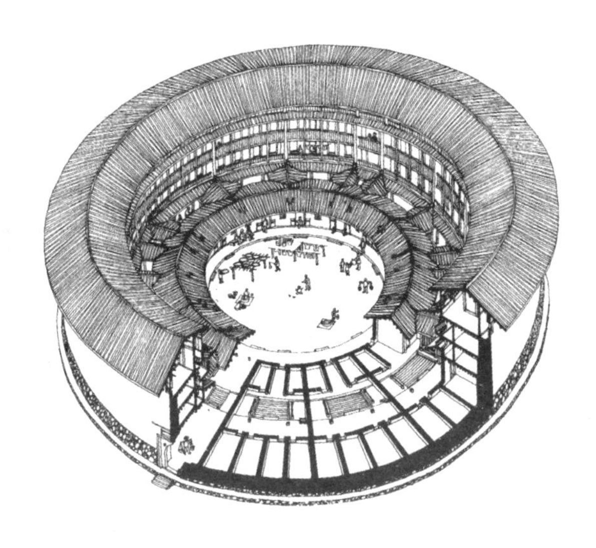

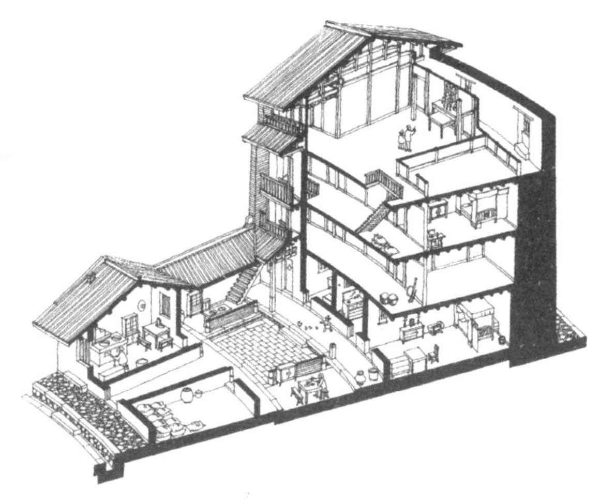

作姿势为双腿站直不屈膝，提杵伸腰，落杵弯腰，且在下杵时要直起直落，每杵用力均匀。

夯墙时，每夯完一“覆”都要放一次墙骨，可以起到筋骨支撑作用。墙骨的数量视墙的厚度而定，大墙放四排左右墙骨，而子墙（内部隔墙）最少也需放两排。墙骨的长度要与夯土墙的长度相同，放下墙骨之后要压上一覆墙泥，并将墙骨与墙泥一并夯实。最后在上下两枋墙之间用长竹片连接，以此作为墙筋，俗称“拖骨”。

在方楼转角处还要放一到两个交叉的墙骨，俗称“交骨”。夯筑时需注意相邻的上下两枋墙的接缝处要错开，另外在夯筑土楼的子墙时，子墙与大墙的交接处也要上下交错搭压。土墙夯筑至一定高度需要安放门、窗时，就要在门、窗的顶端放置门排和窗排（楣梁），用来承托门、窗上方的墙体。一般在安放门的地方都会预留空间，但安放窗户的地方不会有预留，待人居住时才把土墙凿开一个缺口，用来安放窗户。

在土墙夯筑完一圈后，准备夯筑上一枋墙时，必须要看夯好的墙是否已经“行水”。所谓“行水”，是指土墙已经干燥到了一定的硬度，能承受住上一枋墙的压力。一般来说，墙厚一米以上的大土楼，在建筑土墙时要分段夯筑。因为这样既能保证夯土墙的质量，又能较好地安排劳力。土楼大墙的厚度一般都会从第二层起由下而上逐层递减，每层减少9到18厘米，这样做土楼不仅增加了稳定性，视觉上也显得雄伟高大。最后大墙的顶层厚度一般不少于54厘米，且子墙的厚度也不用收减。每天收工时，夯墙的师傅和挑土上墙的小工都必须把夯土墙遮盖好，做土的小工还要把墙土遮盖住，以防止雨、雾、霜冻等对夯土墙的影响。

立柱架梁

土墙夯筑至一层楼高时，便要开始立柱架梁（俗称“企柱”）。方楼架梁，按事先设计的房间尺寸，需要在大墙上挖好梁窝，在楼内相应的房间分隔线上，按照房间

|土楼外墙与窗洞|

土楼的木屋架

的进深，放置间面柱（俗称“金柱”），放置柱子前要放好柱子下面的石柱础。两根间面柱间的横梁（俗称“扛身”）架于木柱上端的凹槽中，“棚盛”（承托楼板的木枋）放在横梁上，再在上面架挑梁（俗称“龙骨”）。埋入大墙的一端要适当抬高（俗称“让水”），土墙干透收缩后，挑梁和棚盛才能保持水平。2层以上立柱，在下一层挑梁头上还要立一根廊柱（俗称“步柱”）。

如果是建造一座圆楼，那架梁的技术又复杂多了。由于圆楼各间的横梁长度要实地测量才能准确，并且横梁之间不是直线连接，因此，木匠要按照放样时定出的间面柱位置，用“丈杆”和“活尺”等工具进行一一测量。确定每一根间面柱上横梁连接的角度，以及每一根横梁的长度，并将测量的结果记在草图上，据此下料。这样间面柱上端的凹槽与横梁咬接才能准确。4层以上的大楼间面柱，通常是1楼与2楼上下垂直连接、3楼与4楼上下垂直连接，而3楼的间面柱会比2楼的间面柱向房间内移动一定的尺寸，以增强房体稳固性。

献架出水

夯筑土墙是建造土楼最主要的工程，因此土墙夯筑完成，被当作完成土楼建筑工程的一个重要标志，俗称“下墙枋”，也就是拆下夯筑用的板枋。接下来就是架屋顶这道工序了，俗称“献架出水”。

搭建木构架

顶层土墙达到必要高度后，开始架构大梁（俗称“扛梁”）。福建土楼多为穿斗、抬梁混合式木构架。大梁架在土墙的一端，上面至少还要夯两圈墙用来压住大梁。大梁伸出墙外的长度与楼的高度之比一般为1 ∶ 4，而且大梁在楼内的一端要做成舌头一样的“梁舌”，从间面柱和廊柱的梁孔中穿出，其长度要盖过底层的走廊，且下方还要有类似斗拱的托

| 福建华安南阳楼内庭 |

| 方土楼的屋顶造型 |

梁进行托护。方土楼的四角位置，为保持檐口的水平，斜向的“角挑”需要用“翘头挑”。

安装屋顶的木构架，需要先在楼的厅堂间架上扛梁、立脊柱和架栋桁，俗称“安梁”“献架”。一般土楼民居的屋顶坡度会“放四分半水”，屋顶坡面还要凹进一定尺寸，通常“让三分水”。扛梁与柱的木构架一般采用穿斗、抬梁相结合的方式，最终形成九圈或十一圈瓦桁的屋顶构架，瓦桁上会封盖望板或桷板。

方土楼的屋顶造型有悬山顶与歇山顶两种不同做法。所谓的悬山顶是指两坡的屋顶悬挑出山墙外，楼外坡的屋面交接处连接成斜脊。歇山顶多见于五凤楼，是两坡顶与四坡顶的结合形式，屋脊在四角连接处形成高低错落的结构，通常是土楼坐向（前后）的屋脊较高，两侧

（左右）的屋脊较低，四角位置朝楼外的屋面会形成平面相交的立体连接。

钉桷板

大木架建好以后，要在桁（檩）上钉桷板。桷板就是我们平常说的椽子，一般厚3厘米，一头宽12厘米，另一头宽13.5厘米。桷板常用杉木做成，有两种样式，一种为长桷板，与屋顶斜坡的长度相同，称为“透桷”；另一种为可拼接的短桷板。通常从楼的正厅屋顶或门厅屋顶起钉，先用4块“透桷”钉在门、厅中线的两边，俗称“合桷”。其他房间也是先用4块“透桷”分别钉于屋顶内坡与外坡瓦桁的两端，这样做能够起到较好的固定作用。需要注意的是钉桷板的时候大的一头要朝下，而且桷板的下端还需要钉上“刀口”，保证最下端的瓦不滑落。在歇山式屋顶瓦桁露出的一端和桷板的下口，钉上宽约18厘米且涂过油漆的薄木板，人们称其为“封山板”，用来保护瓦桁和桷板的端口，避免日晒雨淋。

福建永定遗经楼

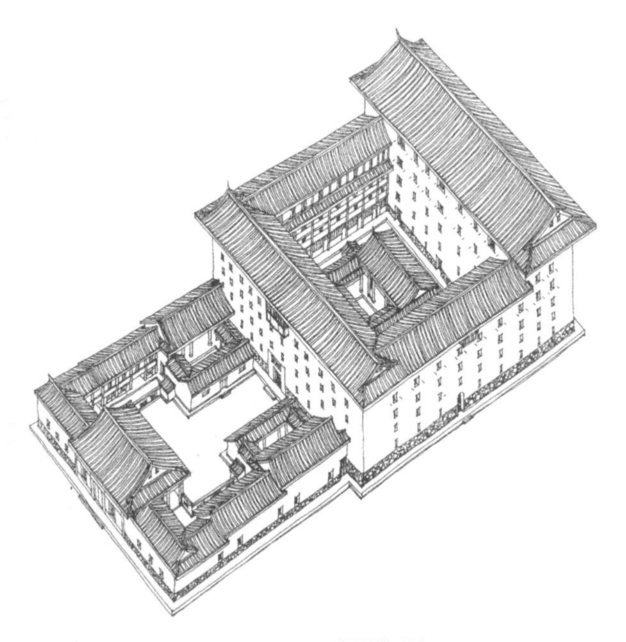

圆楼的房间多为扇形，

土楼内高下错落的屋檐

为了使门厅、后厅显得更加端正美观，常常设计成方正布局。圆楼的屋顶内坡与外坡屋面的曲面不同，因为内外瓦口与脊顶的周长内小外大，所以内外坡的桷板要采用不同的钉法。一般直径大的圆楼，内坡的桷板大头朝上，外坡的则小头朝上；中小型的圆楼，桷板则采用“剪

土楼外墙屋顶铺瓦

桷”的钉法，即外坡钉“人”字桷，内坡钉倒“人”字桷。

铺瓦面

由于土楼屋顶木构架的样式不同，因此屋顶的瓦面会展现出多种风格，常见的有悬山顶和歇山顶两种。盖瓦多分为“张槽”与“覆槽”两种，所谓“张槽”就是瓦凹面向上，小头朝下，“覆槽”则相反。瓦与瓦之间至少要搭压一半以上，盖得密的甚至要压到整块瓦片的三分之二或更多。

铺好屋瓦后，还要在上面用青砖压牢，靠近瓦口的地方，往往并排压上二至三列砖块，防止强风掀瓦。压屋脊所用的青砖可不是一般的青砖，需要特殊制作，这种青砖要求贴合屋瓦的一面制成与瓦一样的纵向弧形曲面，从而与覆盖在屋脊上的瓦吻合紧密。许多土楼还用石灰砂浆使屋脊和瓦口的砖瓦黏结固定，俗称“作岽”。

装修

大型的土楼一般是族人合建的，因此土楼的空间分为公用和私用两种，装修时需要按照不同的要求进行处理。公共部分，如大门、天井、门坪、中厅、水井、楼梯、楼内外排水沟等，通常会增加一些比较讲究和精细的装饰工艺，如雕塑、油漆、绘画、楹柱雕刻对联等。各户独立的部分主要是居住房间的内部装修，新楼的内部装修俗称“完间（建）”，装修工程主要包括三类：一是木作活儿，如安装楼门、房间外立面、楼梯、走廊栏杆、楼板及楼内各种雕刻等；二是泥水活儿，如铺设底层房间地板，开挖外墙窗口，砌房间的泥砖隔墙，粉刷墙壁，搭建炉灶等；三是打造石活儿，大户人家讲究气派，需要石匠为新楼安装石门框、石柱、石板天井、石台阶、石雕饰等。土楼的主体（外壳）竣工后，墙体较厚的需要经过三年左右的时间才能彻底干透，墙体较薄的，也至少要经过一年的时间，土楼的内部装修必须要等土墙彻底干透后才能进行，所以一座土楼完全建好需要数年时间。

客家土楼虽然建造起来不容易，但因为具有很多优点，一直被客家人所喜爱。总结起来，土楼的营造具有很多优势。

土楼的第一个优势是经济性。主要建筑材料均取自

|福建华安南阳楼上的客厅|

|福建华安南阳楼的木装修|

|福建平和环溪楼|

当地的黄土和杉土，大多数可以重复使用；土楼的施工技术较易掌握，可直接人工操作；建楼的时间通常在干燥少雨的季节或农闲时节。

土楼的第二个优势是坚固性。在客家土楼中圆楼的坚固性最好，这是因为圆筒状结构能承担各类荷载。土楼的土墙内部都埋有竹片、木条等用于水平拉结的筋骨，即便因暂时受力过大而产生裂缝，整体结构也不会有危险。土楼绝大多数的做法是用大块卵石筑基，土墙在石基以上夯筑，墙顶则挑出3米左右的大屋檐，以确保雨水甩出墙外。

土楼的第三个优势是物理性。客家土楼的墙体厚达1.5米左右，使得楼内具有冬暖夏凉的特性。

| 挑出深远的大屋顶 |

土楼的第四个优势是防御性。以常见的4层土楼为例，1楼和2楼均不开外窗，3楼会开一条窄缝，4楼则开有大窗，有时还加设挑台。土墙的薄弱点在入口处，因而采用在厚木门基础上加包铁皮，门后插横杠，门的上方放置防火水柜等加固的措施，如有外敌来犯，可以痛击敌人。

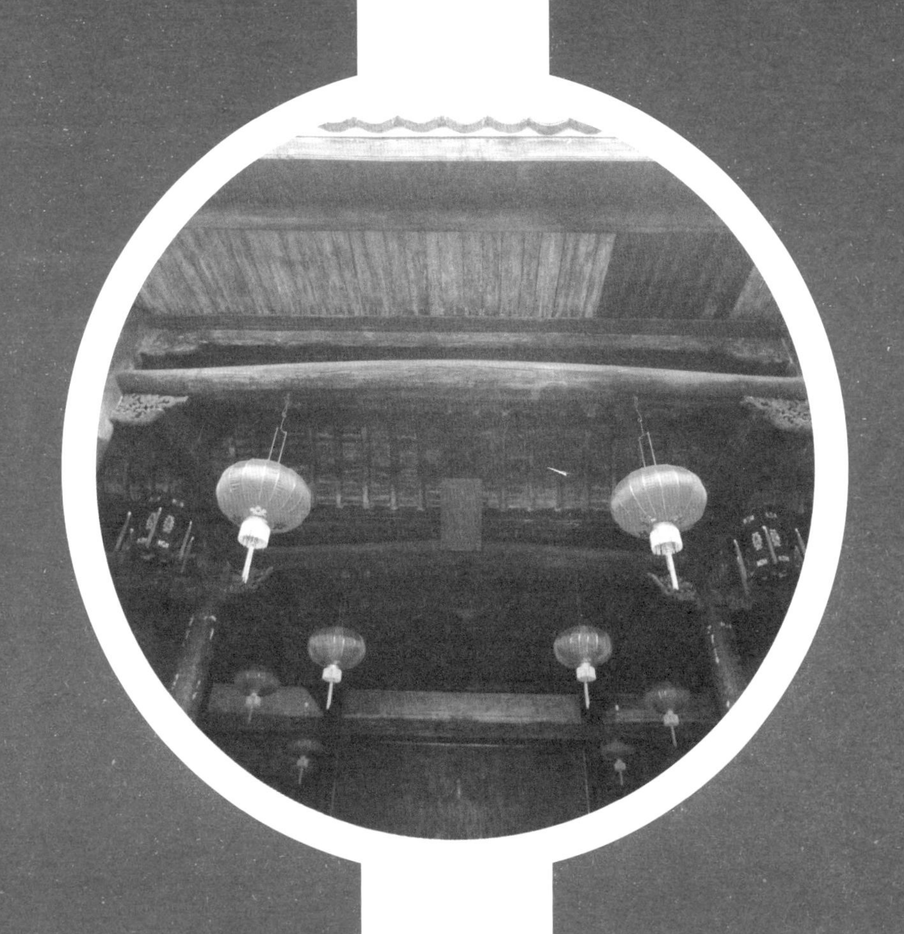

土楼中的生活

土楼中的生活

堡垒民居是客家人所拥有的物质财富和精神财富的总和，也是客家文化的集中体现。在这一座座封闭、内向的土墙之内，客家人享受着自己那份宁静的田园生活。这些堡垒一样的土楼和围屋，连同脚下的土地成了他们繁衍生息的家园和精神寄托的方舟。

福建南靖朝源楼的农家小景

福建南靖文昌楼门前晾晒粮食

土楼中的社会组织

在土楼中，客家人基本以家族为单位聚居，一座土楼就是一个有组织的小社会。在过去，土楼的管理以宗法制度来维系，是一个以父权为核心的竖向结构。通常由该族的族长依照礼法对土楼进行管理，给家族增光的人给予褒奖，对违反族规或做坏事的人施以惩戒，讲求伦理秩序、礼仪规范，每个客家族谱里都有一份《家规家训》。

时过境迁，到了今天，随着生活方式的转变，原有的以血缘为纽带的管理方式逐渐淡化，一种新的、有序的管理方式逐渐产生，昔日

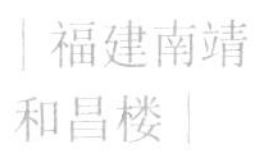

福建南靖和昌楼

| 福建华安东阳楼的内景 |

的族长变成今日的楼长，并且每座土楼设有一个楼长，这些管理者通常由辈分较高且德高望重的长辈担任，由他们协调管理楼内的公共事务。楼内社会秩序的构建，一般是通过居民公议后，制订出楼规民约，以此来规范和维持楼内居民的生产和生活行为。

内部建筑空间的和谐有序，反映出土楼内“大家族”的社会组织活动具有严密性和有效性。土楼的结构从外形上看像一个巨大的飞碟，给人以不可动摇的感觉。而内部则是另一番天地，整栋建筑内部注重以人为本，细巧的木结构，标准的楼层数与柱间距，规整的对称布局，创造出一种人性化的空间。内部空间序列既反映了一种平等共享的聚居理想，同时也映射着中国传统的礼仪规范。

以五凤楼为例，厅堂为公共空间，集中在中轴线上，后堂为尊长的住处，体量高大，表现出一家之主的地位，

土楼内的宗祠

是圆楼优势所在。

其他人则按辈分依次居住于两侧。这种层次分明的空间布局，表现出中国传统尊卑的伦理观念。圆楼则有些不同，所有房间一律均等，居住的环境适宜，其安全性超过尊卑有序的秩序性，这也是圆楼优势所在。

土楼内部空间有限，但建筑功能却非常完备。社区内除了满足居住的空间外，还有祠堂、私塾等。客家人耕读传家，代代相习，因而建立学堂之风盛行。从私塾、族塾到村塾，形式多样，在一定程度上保证了客家人有书读、有事做。此外，土楼内还有食堂、商店、图书室、乒乓球室、网吧、篮球场等配套的服务设施，甚至还有为前来探亲访友的人准备的旅店，丰富的公共空间为社区带来了温馨的人际交往氛围。

乡民的日常生活

客家民居浸润着客家人丰富的文化，记载着一代代客家人的生活印记。这种独具特色的建筑形式既满足了小农经济的聚居要求，又实现了客家人自给自足的生存需要。整个家族的成员在这里朝夕相处，同饮一井水，共叙兄弟情，凝聚着浓浓的亲情、族情和乡情。

土楼内的居民日出而作，日落而息，他们耕种水稻、西瓜、大蒜和荷兰豆，栽培烟叶、乌龙茶等。农民的辛苦劳作，都融化在贫瘠的红壤地里，化作丰收的喜庆，冲淡了生活的艰辛。客家人的居家模式表现出守望相助的向心性，土楼的内院和围屋门前的禾坪是最能体现这种公共关系的空间。

【三眼井】

土楼的内院通常采用花岗石或卵石铺地，个别大型的土楼如二宜楼，还在内院中竖立石杆、搭起棚架，以便晾晒谷物，形成较好的农务操作场地。院内一般会有一到两口公用的水井，为方便多人同时取水，井盖上会同时开3个左右的井眼。另外每家内部都有独立的小天井，形成不同层次的私密空间，富有生活气息。

围屋门前一块长方形的空地便是禾坪，设施简单，甚至没有什么特别的设施，但却是客家人交往活动最活跃的场所，人们常在这里举行一些自发性的活动。禾坪最基本的功能是用于晾晒谷

| 江西龙南关西新围 |

物，在丰收的季节，通常被划分为不同的空间，供各家单独使用，但晾晒稻谷、花生等农作物的工作一般都是由大家共同完成的。此外，

祥和的景象。

这种开放性的广场空间满足了客家人的社交、娱乐等基本需要，人们可以自由进入并在其中进行各种思想交流，维系了宗族文化的传承和社区组织的稳定。

客家人的好客是有名的，平日里粗茶淡饭，节约度日，一旦到了重大节日，如果有宾客来临，人们便把自养的鸡鸭以及储藏的山珍统统搬出来，烹制美味佳肴款待客

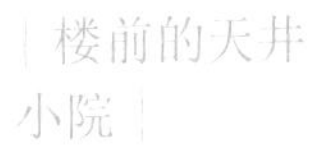

| 楼前的天井小院 |

人。即便是素不相识的外乡人，来到客家的土地上也会有种宾至如归的感觉。在中国的饮食文化里，客家菜系是中国菜系中极具特色的一种。客家人最善于将主食变着花样来吃，且讲究原汁原味，通常选择野生或自家种植、养殖的天然食材。烹调方法采用煮、煲、蒸和炖。客家人善酿米酒，常以酒代茶款待宾客。

福建客家地区至今流传着一种特色食品——擂茶，以大米、花生、芝麻、绿豆、食盐、茶叶、山苍子、生姜等为原料，用擂钵捣烂成糊状，倒入开水和匀，加上少许炒米，一杯清香可口的擂茶便做好了。据说擂茶有解毒的功效，既可食用，又可作药用，既可解渴，又可充饥。相传擂茶起源于刘备带兵巡查武陵时期，因士兵水土不服，偶遇神仙赠送秘方，使得队伍避免了一场瘟疫。

节庆活动给土楼内的居民生活增加了欢乐的色彩。家家户户挂起大红灯笼，贴上大红对联，在围合的内院空间里欢聚在一起。楼前的门坪、中心的祖堂、连通的回廊、宽敞的内院等，都为节庆活动提供了充足的空间。

| 生活在关西新围中的老村民 |

| 杨村乌石围中的祠堂 |

最受客家人重视的节庆活动有春节、元宵节、端午节以及秋收之后的“作大幅”等节日。其中，元宵节又称“开大正”，在节日中整个祖堂都要悬挂花灯，一座民居就是一组花灯。屋外村民们在空地上舞龙、舞狮、敲锣打鼓等尽情地娱乐，花灯巡游更是将元宵活动推向了高潮。“作大幅”又叫“扛菩萨”，是一种迎神活动，当地人多以姓氏或村为单位，在秋收后的农闲时，邀请木偶戏团上门演上几天大戏，每年一小福，3 年一大福，每次最少演 3 天，这种迎神活动反映了客家人敬天法祖、敦厚质朴的性格。

| 江西龙南西昌围中的祖祠

祭祀活动与礼俗

祭祀是人们对祖先、神明等所行的礼仪，也是客家人生活习俗、思想感情的写照，浓缩了客家人的集体意志和文化特征，比较有代表性的祭祀活动有祠祭、祭社公树、丧葬等。

祠祭就是在祠堂中举行的祭祖仪式。客家人保持着浓重的崇宗念祖情结，祠堂是氏族的根基，是家族灵魂的安放之处，是祭祀祖先的重要场所，更是客家人心目中最神圣的地方。客家祠堂的组织系统非常严密，一般分为总祠、分祠和支祠。“族必有祠，祠必有祭”，在客家人的各项祭祖活动中，祠祭是其中最为重要的仪式之一。

举行祠祭的时间，在客家人的诸多宗族中各有差异，一般奉行春、秋二祭，有的在清明，有的则在冬至。祠祭的参加者一般为族中男丁，若宗族太大，则由各家派代表参加。祠祭仪式十分隆重，一般都要在神龛案桌前点上大红蜡烛，香炉上香，案台之上则陈列各种祭品，客家族人依据尊卑长幼的顺序依次排列于厅堂，由宗子或族长主持仪式活动。大致的过程为迎神、献食、敬酒、念祭文、焚烧祭文和结束，整个过程气氛庄严、肃穆。祠祭结束之后，参加祭礼的人员均在祠堂用餐。客家人通过祠祭相聚在祠堂，缅怀祖先业绩，歌颂祖先恩德。

客家宗祠类型较多，根据各地举行的祭祀活动不同，其礼仪程序也表现出很大的区别。具有代表性的宗祠类型有稔田“李氏大宗祠”、河田“宗祠一条街”、芷溪的“宗祠群”等。

祭社公树是以大树为对象的祭祀活动。在客家人居住的房屋周围，都有绿树环绕，似一条绿色的天然屏障保护着生活在这片土地上的居民，这便是客家人崇敬的社公树。在树边会建有社公庙，用来放置贡品和举行祭祀活动。每逢佳节，族人均会在此烧香、放鞭炮以示祭祀。旧时还会杀牲畜，寓意驱除疫病，保六畜平安。

关西新围祠堂

经过客家人代代呵护，社公树成为不可滥砍滥伐的神树，还流传着一些不能伤害社公树的神话传说。人们希望通过借助神明的力量来保护村落以及居住环境，这也从另一层面上反映了客家人注重环保，讲究人与自然和谐共处的生存理念。

丧葬是客家人重要的民俗活动，他们认为人有三魂，去世后其灵魂具有超凡的能力，可以对活着的人产生影响，于是便有了祈求鬼魂、避灾求福的丧葬习俗。比起其他礼俗，丧葬之礼显得更为庄严肃穆。

客家人讲究葬务从厚、礼务从奢，因此对礼俗的遵循程度成为衡量是否恪守“孝道”的标准。即使今天，很多礼仪都已简化，但丧葬礼俗基本还是遵循古法程序：从“送终”仪式中为死者穿寿衣、盖“天地被”、点“脚尾灯”、烧纸钱、念斋打醮、儿孙彻夜守灵，到“大殓”“饲生”“封棺”“上孝”“出柩”“回灵”，从超度亡灵的“做功德”仪式到将各种纸扎祭品进行火化的“化库”仪式，都充分体现了客家人对逝者的尊重。丧葬习俗也是客家文化的集中体现。

在丧葬的仪式中有些仪式过程是通过神话故事演化而来的，如“做功德”仪式中“亡灵过桥”的古俗，是由《西游记》中唐太宗游地府以及刘全进瓜的故事演化而来。再如“礼血盆”这一仪式，在《西游记》中就有关于“血盆苦界”的记载。由此可以看出客家人相信善恶到头终有报的因果报应之说，这也成了客家人重视丧葬礼仪的原因之一。

营造习俗与禁忌

客家人把建房和乔迁新居视为重大喜庆，要进行隆重的庆贺，这种营造活动成为客家文化的重要组成部分。建造房屋是客家人的百年大计，从选址到落成都要遵循一定的营造习俗。建房时，房屋的选址、房门的朝向都需要请风水先生测定。另外，客家人认为人生有三件大事：娶妻、添丁和造房子。遇到这三件大事，他们都要用喊唱的方式表达喜话，以示大吉。

建房首先要择日选时。动工前，请道士画符，这种符一般画的是张天师、九天玄女、白鹤仙师等的画像，据说是为了“隔煞去犯”，意思就是趋利避害。到了选定的时辰，房主会给匠人送红包，匠人便矫正方位、“开线”、动土。安放大门时，要用罗盘调正方位，贴上“安门大吉”的红色纸条，随着鞭炮响起，亲朋好友携带礼炮、茶点前来庆贺，主人则用美酒佳肴进行款待。

上梁是最重要也是最热闹的仪式，选择的良辰吉日，多定在清晨旭日东升或正午艳阳高照时。上梁前，主木匠需要先完成照梁和浇梁两个仪式。

照梁，是将写有“吉星高照”的红纸贴在两个筛子的正面，反面插上的三根芦柴花，比喻为“避邪剑”，而筛眼也被喻为“千里眼”，有识别妖魔、斩而除之的寓意。随后由两位木匠师傅各持一筛，顺时针绕梁跑一圈，并通过筛眼互相对视后将筛子挂到东西两面墙上，与此同时，木匠师傅还要喊出一段喜话。

浇梁，是用红纸塞住灌满酒的锡壶壶嘴，吉时一到，拔去纸塞，由木匠师傅把酒浇到正梁上，并且边浇边说喜话。在喜话中，最频繁出现的词为“伏以”，是喜话的导入词。民间曾流传鲁班误会徒弟伏以，趁其不备，口念咒语，且挥动五尺杆，令伏以跌下屋顶摔死。后来鲁班了解到事情的真相，后悔不已，故每次上梁喝彩时，便先喊一声“伏以”，以示歉意和纪念。但这种传说，仅存于民间，史料并没有明确的记载。照梁和浇梁两个仪式完成后开始上正梁，并在梁的正中挂上红布条，两端各挂一个红布袋，布袋内装有油麻、生米等，寓意吉祥。上梁仪式在欢声笑语中结束，房主家还会在当晚设宴，以示庆贺。

乔迁是房屋建好后入住的喜日子，客家人都要择吉日入宅。在入宅的前一天晚上，要请风水先生、舞龙队、舞狮队和鼓乐队进行“出煞”这一礼俗，寓意新宅平安吉利。所谓的“择吉”，一般定在午夜至清晨，以子、寅时为多。请本族有名望且多子多孙的叔公叔婆“开大门”，男左女右，站于门内。新居的门前，大门的顶部挂上大红布，称之为“门红”，门两侧贴红联，挂大红灯笼，张灯结彩，喜气连连。地理先生、木匠师傅守候其中，等待“落新屋”的队伍到达新居门前，吉时一到，燃放鞭炮，叔公叔婆打开大门，众人鱼贯而入，并高声朗诵喜话。

入宅时，要随带灯笼（或油灯）、火笼、秤等进屋，还要带一窝小鸡、蒸一坛饭捧进新屋，以示人丁兴旺，喜气盈庭。迁新居还要办“入

|土楼中用于祭拜的场所|

宅酒”，宴请亲友、建屋工匠、帮工等。菜肴中要有韭菜、豆腐、猪肠、猪血、米糕等，示意长长久久，发财高升。

入住新居后，还要讲究一些带有象征性或隐喻性的话语和行为，如两盏煤油灯摆放在正堂和客厅，点亮时不能说“点火”，要说“添灯”；入宅后的第一次烹饪，要使用事先摆入厨房的新厨具，并从新锅内挟起燃炭放入新灶引燃“兴旺”，这一套举动同样寓意“人丁兴旺”。

百闻不如一见，虽然我们讲了很多客家土楼、围屋以及客家人的生活故事，但还是不如身临其境地体验。如果有机会，就去亲历一番吧，欣赏客家民居的壮美，咀嚼客家人浓浓的乡愁。

图书在版编目（CIP）数据

客家民居 / 张娜娜，陈曦，刘托编著 ； 刘托本辑主编. -- 哈尔滨 ： 黑龙江少年儿童出版社，2020.2（2021.8 重印）
（记住乡愁 ： 留给孩子们的中国民俗文化 / 刘魁立主编. 第八辑，传统营造辑）
ISBN 978-7-5319-6481-0

Ⅰ. ①客… Ⅱ. ①张… ②陈… ③刘… Ⅲ. ①客家人－民居－中国－青少年读物 Ⅳ. ①TU241.5-49

中国版本图书馆CIP数据核字(2020)第005590号

记住乡愁——留给孩子们的中国民俗文化　　刘魁立◎主编

第八辑 传统营造辑　　刘　托◎本辑主编

客家民居 KEJIA MINJU　　张娜娜　陈　曦　刘　托◎编著

出 版 人：商　亮
项目策划：张立新　刘伟波
项目统筹：华　汉
责任编辑：杨雪尘
整体设计：文思天纵
责任印制：李　妍　王　刚
出版发行：黑龙江少年儿童出版社
（黑龙江省哈尔滨市南岗区宣庆小区8号楼 150090）
网　　址：www.lsbook.com.cn
经　　销：全国新华书店
印　　装：北京一鑫印务有限责任公司
开　　本：787 mm×1092 mm　1/16
印　　张：5
字　　数：50千
书　　号：ISBN 978-7-5319-6481-0
版　　次：2020年2月第1版
印　　次：2021年8月第2次印刷
定　　价：35.00元